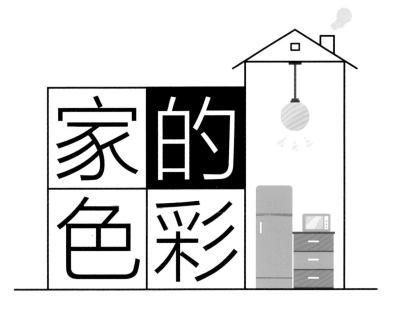

家的色彩

招霞　主编

U0283860

江苏凤凰科学技术出版社

目录 contents

三、搭配·色彩

四、风格·色彩

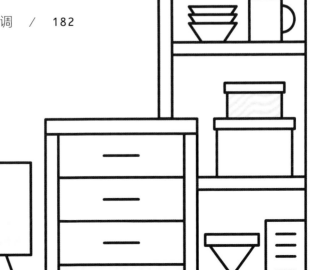

基础·色彩

色彩学以光学为基础，涉及物理学、生理学、心理学、美学与艺术理论等学科。从物理学角度分析，不同发光体和受光体通过不同光谱，构成红、橙、黄、绿、蓝、青、紫诸要素组成的色彩世界。从心理学角度分析，色彩是被赋予情感的，通过色彩的设计与搭配能有效调节人的情绪。从色彩的艺术内涵分析，不同文化背景、民族习俗、信仰、地域环境均使色彩具有不同的审美价值观。

1 色彩的原理

色彩分为两大类——有彩色和无彩色。无彩色是指黑色和白色以及它们之间出现的一系列灰色。无彩色没有色相与纯度的变化，只有明度的变化。作为颜料，黑与白可以改变所有彩色的明度和纯度。

除了黑、白、灰这个系列外，其余所有颜色都属于有彩色系列。有彩色系具备色相、明度、纯度三种属性：

色相（Hue）一般用 H 代表，指色彩的相貌。它是颜色最重要的特征，决定了颜色的本质，也就是人们平时所说的红、黄、蓝、绿等，它是色与色区分的标志。

明度（Value）一般用 V 代表，指色彩的明暗程度。从视觉角度讲，愈接近白色明度愈高，愈接近黑色明度愈低。在室内照明的应用中，明度对所有色光都具调节作用，对任何活动场所的明暗都有"绝对"的操纵力。

纯度（Chroma）一般用 C 代表，指色彩的鲜艳程度，或称饱和度、彩度、艳度。它表明了颜色中所含固有色的成

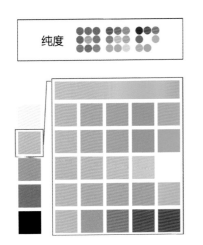

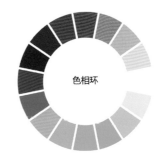

纯度

色相

色相环

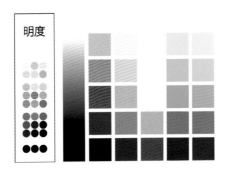

明度

分和比例。纯色因不含任何杂色，饱和或纯粹度最高，因此，任何颜色的纯色均为该色系中纯度最高的颜色。

用一个近似球形的空间形式可以把颜色的三个基本属性——色相、明度、纯度有秩序地进行整理、分类，将有彩色和无彩色全部表示出来。

　　球体的中心垂直轴为明度标尺，上端是高明度白色，中间由各种灰色过渡，下端则是低明度黑色。球体的最大圆周则代表着光谱上不同的色相（红、橙、黄、绿、蓝、青、紫等），由球中心点到圆周的横剖面上，所有的颜色明度相等。愈接近中心垂直轴的颜色，掺杂的同一明度的灰则愈多，颜色的纯净度越差（即纯度越低），直到灰色。同时，由球体表面到中心轴的纵剖面上，以圆周的横剖面为基准向上或向下（即白、黑方向）移动，也表示颜色纯度的降低，因此，最亮和最暗的颜色都是低纯度的颜色，而中等明度的颜色纯度最纯。

　　但事实上，最纯的颜色，其明度并不在同一个水平面。例如，黄色比蓝色亮得多，而蓝色又比紫色亮一些，所以，

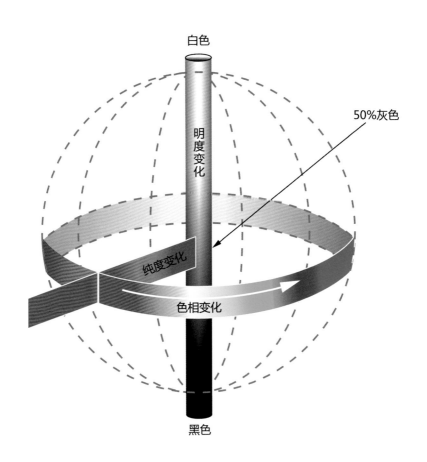

纯黄色应较最大圆周线位置高，而蓝色、紫色位置低。圆周的倾斜使得色彩球体形成一个不规整的马蹄形，但我们会以假想的方式形成规则的形状，这就是我们通常所说的色立体。

2. 色彩的灵感

　　曾经有位朋友开玩笑，说她把家里的卧室床罩从原来的深蓝色换成了淡粉色，结果，老公对她说话的声调都变得柔和了很多，这说明每种颜色的表情不同。其实，色彩总是能够唤起人们自然的联想，由此产生一连串观念和情绪变化，同一种色彩由于其明度和纯度的差异或是环境色的不同，表现出来的效果也相去甚远。

　　所以，人们常常会把一个颜色放置在一个环境里，与某个事物联系在一起，构建出一种氛围，才能去想象这个颜色给人们带来的感受，并去评价对这个颜色的喜好。设计师不妨从自然和生活事物中提取出色彩元素，进而转化到自己的设计当中，不仅发掘更多色彩灵感来源，也是提高自己色彩修养的有效途径。

类别	色彩特点	灵感来源及应用
玉脂白	这个白色是明亮夜空中的月色以及温暖透明的玉石色彩，白色中带一点温色倾向，与表面细腻湿润的材质搭配最为适宜	
蛋壳白	平日里熟悉的物品色彩，比如白色系列的食物、蛋壳色调的生活用品等，与米色、卡其色进行搭配，突出温暖舒适的生活本质	

类别	色彩特点	灵感来源及应用
婴儿粉	从绽放的花朵中汲取颜色，轻盈柔和的粉色如同婴儿肌肤，与馨香的浅黄色花瓣搭配突出甜蜜氛围，与淡水蓝色搭配则多了份清新感	
冰川蓝	从北极冰川世界中捕获的蓝色，海水中泛起的蓝色波浪以及冰凌，在阳光的折射下，带来一股凉爽的气息，可通过米色调来中和冰川蓝的寒意	

类别	色彩特点	灵感来源及应用
朱砂红	无论是艳丽的服饰，还是娇艳欲滴的水果色彩，都让我们感知青春扑面而来。朱砂红与柔粉色的搭配，多了份少女娇羞的味道；与玫瑰红的搭配，则能调动热烈气氛	
浅卡其	从植物中获取的卡其色，简单而质朴，有着大自然特有的舒适色调，适宜与肤色、肉桂色搭配	

类别	色彩特点	灵感来源及应用
香醇褐	这是一组有关嗅觉与味觉的色彩，来自地道食材的香料以及醇臻口感的咖啡色泽，充满香醇的幸福感	
黑巧克力	如同甜蜜醇厚的巧克力融化在口中，与橄榄色的搭配多了份清甜的口感，而与蓝灰色调的奇妙组合，则多了份黑巧克力的苦涩口感	

类别	色彩特点	灵感来源及应用
普鲁士蓝	这个颜色是与海上星空有关的故事，海鸟的彩色羽毛、海洋上泛起的波光，让人感觉安宁而深沉。普鲁士蓝与紫色调搭配，充满深邃的神秘感	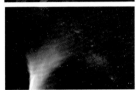
蝴蝶兰	北海道的薰衣草以及印度特有的天然染料，异域色彩带来不一样的感觉，与肉粉色、玉石绿及浅青蓝搭配都是很好的选择	

类别	色彩特点	灵感来源及应用
紫罗兰	午夜时分折射出紫罗兰的光影，撞击中产生的不同层次的红酒色彩以及霓虹灯下眩晕的色彩，创造了一个欲望氛围	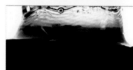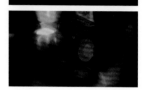

3 色彩的调和

❋ （1）主调色

如果一个空间中的全部色彩要成为相互关联的，它们就必须在一个统一的整体中相互配合，从这个意义上讲，和谐是必不可少的。

家居软装色彩服从于室内整体色彩设计，软装饰物色彩与环境色彩的相同性或相似性有利于表现整体的统一感。要使独立的装饰物色彩与环境色彩统一而又无法实现统一时，可用共同性使其统一起来，也就是装饰物色彩与环境色彩之间你中有我，我中有你。举一个简单的例子，室内环境色彩以褐色为主，床单选用白色，但上面选用深浅褐色条纹交替的毛巾被，这样，织物与环境的色彩就产生了联系，其他的悬挂物、地毯、陈设品的色彩都应保持同一类特征。当环境的整体色彩确定为统一的黄色调，那么装饰物的色彩可以在黄色的同类色中选择，在冷暖、明度、

纯度上调节变化，在材质上下功夫，在照明上想办法，这样室内色彩将容易调和统一。

✿（2）统一和变化

色彩既要同环境调和，又要丰富环境。变化是表现丰富的方法之一，它可以引起视觉上的紧张感，给人留下生动、强烈的印象。例如，以灰调为主的卧室空间配以鲜艳的果绿色靠垫，简洁明快、和谐自然，起到点缀效果，如同流畅的音乐演绎出自己的节奏和艺术的韵律。总体上，室内装饰物色彩以协调、衬托总体环境色调为准则，在色调确立的基础上，根据环境的特点和需要，将它们作空间位置上的布局，达到色彩的空间构成，用以美化空间、柔化空间。

　　设计师在进行色彩搭配时，往往会依据自己的喜好进行设计，其实，好的色彩搭配需要形成风格，在家居设计中，色彩可以随时变化，但装修的风格已然存在，色彩为风格服务，为风格添彩。好的色彩搭配不是绚丽，而是适合。

　　合适的色彩搭配应同时把人们的审美情趣考虑进去。这就要求设计者必须针对不同的消费群体对色彩和谐的认知分层次进行研究，找出他们对色彩审美要求的共性与差异性，以使色彩调和的原理在应用中得到更好的发挥。

❋（3）无彩色与纯度的调和

　　无彩色即黑、白、灰。为了使不协调纯色之间的对比变得和谐，设计师常在各纯色中混入黑、白、灰。这类调

和主要表现在明度的变化上，无论最后效果是类似或对比，
其色调总是倾向于沉稳、严谨、朴素之美。

❀（4）单一色相调和

这是一种比较单一的配色调和方法，色彩的变化只在同
一个色相中完成。在不改变色相的情况下进行明度和纯度的

改变。这种色彩搭配方法是在统一的色相中寻求变化，给人以简洁、条理感，但相对单调、刻板，缺乏活跃的情趣。

❋（5）类似色调和

类似色是在色环上邻接的颜色，如"红－红橙－橙、黄－黄绿－绿、蓝－蓝紫－紫"等。类似色由于色相对比不强，

给人以平静、舒适的感觉，属家居配色中常用的配色方法。类似色拥有共同因素的不同色彩，"红 – 红橙"共有红色因素，"黄 – 黄绿"共有黄色因素。这种配色方法，主色和副色的用色分量不受限制，两色之间有相辅相成的作用。只要两个类似色的明度和纯度搭配时的对比效果不是过强，其调和视觉效果就会独具特色，令人产生跃动感，年轻且活力十足，缺点是容易流于轻浮。

❋（6）补色的调和

当我们对红色注视一段时间，然后立刻转向白色的时候，看到的不是白色而是蓝绿，蓝和绿是红色的补色。用对比的办法也可以造成同样的效果，如果把一小片灰色放在红色背景上，这片灰看上去就显得略呈蓝色和绿色，如果背景是绿

色和黄色，这片灰则略呈紫色。发生这样的现象是因为眼睛的生理需求。

　　互补色搭配，首先注意的是相配两色间的主从关系，即主色若纯度高，从色纯度应低；若主色明度高，从色明度应低；如果主色面积大，从色面积就要小，这样搭配的效果容易调和，给人以富于变化、明快、鲜亮感。搭配不当则会给人以生硬、不舒适的感觉。

每对互补色都有自己独特的性格：
❀ 黄/紫不仅仅呈现出补色对比，并且表现出极度的明暗对比。
❀ 橙/蓝是一对互补色，同时也是冷暖的极度对比。
❀ 红/绿这两种饱和的色彩有着相同的明度。
如果在某一特定的色彩中添加越来越多的补色，当添加到一定量时，将会形成中性灰色。

我们在制定色彩方案时，除了色彩的本身规律，还要综合环境、空间和流行元素的影响。另一方面，当大体的软装方案完成后，还要根据一些外在的因素来进行细节的调整，包括照明、材质、工艺、图案等。

1 配色与空间环境的关系

　　室内环境中有多种背景色与物体色的组合，如墙面、地面、顶棚与家具、装饰织物、灯具等形成多层次的色彩环境。在这种复杂的色彩关系中，首先我们需要确定室内的色调（室内色调是指色彩在室内所形成的整体关系，是各部分物体色彩互相配合所形成的色彩倾向）。我们可以选择暖色调、冷色调、鲜艳调、含灰调、明色调、暗色调等作为居室色彩设计的主导，在主导色调的基础上进行色彩的变化。以此为原则，无论是同类色彩搭配、撞色搭配还是补色搭配，都能营造出舒适的视觉效果。

　　色彩可以大大丰富空间尺度表达的层次。面对尺度大、布局单调的空间，我们可以选择暖色，减少空旷感，选择活泼的色彩有靠近和亲近感；较低矮的空间，要想使室内显得空旷，可选用偏于明快、较冷的色彩拉大空间距离。

　　不同时代和社会也留下了一定的色彩印迹，并强烈反映在这个时代的主体环境特征中。我们回顾前十年，古典、传

统风格成为流行趋势，色彩上主要表现为中性色、蜂蜜色、铜棕色。前几年流行起来的波希米亚风代表的则是不同文化以及不同民族元素的交融，体现这种民族风格的基本色彩就会变得重要起来。

② 配色与造型的关系

对于家居产品，与服装不同，人们更注重其功能性作用。室内的色彩在应用上有其自有的特性，所以，如何将流行的趋势更巧妙地应用到我们的家中，就要比服装多考虑一些因素。

家居的产品是有形的，在家居装饰中，所有的装饰产品都以各种造型的形态出现，比如方、圆、三角、多边等，方便我们清楚地辨认物体。但单独采用形状却不能取得颜色的表情效果，比如黑背景下的紫色沙发和白背景下的黑色沙发带给我们的遐想空间是不一样的。

❀（1）红色与正方形的关系

正方形或正方体具有相等的边、相等的角，象征着平稳、重力、规范与标准。如果将红色纳入到正方形中，其本身的特质就同正方形的静止和庄重的形体保持一致。家居中有很多方形的选择，配以红色会使方形的特征加以强化，给人以力量、稳重、规矩的印象，即使增加一些别的图案，也不会让人产生躁动感。

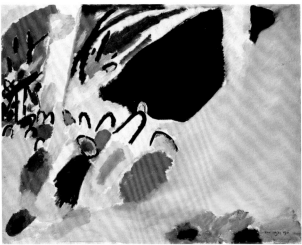

❀（2）黄色和三角形的关系

三角形的锐角产生一种向上、好斗和进取的效果。人们常常把太阳光定义为黄色，一间房子如果运用黄色天花板做装饰会产生一种正能量，就如同阳光洒满房间，充满希望。黄色是思想的象征，辐射状的三角形同样象征思想，两者甚为相称。

❀（3）蓝色与圆的关系

同三角形所产生的尖锐紧张感相比，圆产生一种松弛、平易、永恒的运动感，象征着圆满。人们常把蓝色定义为理智的象征，艺术家在完成一幅油画或水彩画作品时，常用普蓝色打底塑性。可以说，蓝色就好比是色彩中的素描，严谨、周详，以不变的规律为创造性的色彩打好基础。因此，不断移动的圆形始终保持着同样的轨迹，正巧与色彩中的透明蓝

色相一致，即使在蓝色中添加一点橘色点缀也没有突破圆的
范围。所以，圆形的沙发会让一场谈话变得相对理智。

　　此外，我们同样可为橙色找到梯形、为绿色找到球面三
角形等相互对应。当色彩和形状在表达上比较一致时，它们
自身的功能效果就会加强。色彩属于情感的层面，形状属于
理性控制层面。一个感性的人更趋向于利用色彩表现空间，
甚至借用色彩使形状解体；一个相对理性的人更倾向强调形
状的空间，并根据形状决定着颜色。

　　在一些大型室内空间，宏伟开阔，人的视觉与装饰物色
彩有一定的距离，会产生不同的空间效果。因此，物体色彩

一般采用大面积的铺染，色块越大，色感越强烈。其可艳可素、可明可暗，质感可粗可细，可以大大丰富空间的层次，体现不同的艺术风格，如宫廷式的豪华气派、泥土般的自然温情、都市型的宁静永恒等。

若是紧凑型的居民住宅，空间尺度小、距离近，环境相对安静，装饰则应具有较强的具象性和明晰性，这时，色彩要求纯度适中、配合协调，可运用含灰色调达到所追求的视觉感受。

总之，尺度大的空间装饰物色彩应有开阔感、层次感，尺度小的空间应有亲近感、温馨感，以配合舒适生活的需求。

另外，不同色彩会产生不同的体积感，如黄色感觉大一些，称为膨胀色；同样体积的蓝色、绿色感觉小一些，有收缩性，称为收缩色。一般来说，暖色比冷色显得大，明亮的颜色比深暗的颜色显得大，周围明亮时，中间的颜色就显得小。

3 配色与灯光的关系

光照不仅能使室内的陈设趋于丰实，而且能使空间层次丰富，甚至可以在某种程度上改变空间形态。结合室内陈设的色彩可以将光与色融合在整体的环境气氛之内。

空间或景物照明要考虑被照物色彩的真实再现或还原问题，也有色彩的强调或淡化问题。白天和夜晚的整体光环境不同，环境中某些对象的色彩在白天是合理的，但是在夜晚，如果还是原样再现的话，则未必就是合适的，所以，如何进行光照，还需要重新论证和设计才行。

在光照下，室内陈设品会产生明暗界面和阴影层次的变化，如果改变光源的光谱成分、光通量、光线强弱、投射位置和方向，就会产生色调、明暗、浓淡、虚实、轮廓界面的各种变化，这是运用光照艺术渲染环境和烘托环境风格的重要手段。

丰富层次

功能区划分

特定需求

创造意境

渲染环境

4 配色与材质、图案的关系

　　同一颜色在不同材质的饰品中所表现的色感不同。由于室内软装的材料不一，形成了装饰质地纹理的丰富多样，它以其独特的方式带给人们视觉上的感受。比如，在一间以蓝色为主的房间，放一块浅蓝色地毯，从色调上讲是冷调，且常给人以冷漠之感，在冬季的居室是不适合采用的。但它若是一块长毛绒地毯，感受就不同了。因为毛织物表面具有绒毛，所以，尽管是浅蓝色也同样给人一种亲切、温暖之感，会给冬季的冷调居室带来一丝暖意，这就是选料对配色的影响。

　　如何看待图案？可用中国的一句老话来描述——远看颜色近看花。在大空间的居室，人们远距离首先看到的就是颜色，即使有图案也是被空间距离混合后呈现给人的一种视觉。只有视觉舒适的前提下，人们才会关注造型、品种、图案等。室内设计师如果仅把图案做近距离处理，最终效果不一定让人满意。这就是有些图案单体运用不错，但铺装后整体效果

却不好，而有些图案单独看设计效果一般，铺装后整体效果却非常好的原因所在。

　　总之，室内软装运用图案要把握两点：一是把图案当作颜色用，二是考虑图案本身的多色性。

搭配·色彩

用单色或双色搭配在单件装饰品中比较常见，但是在室内软装设计中，由于各个物件的摆放位置和形状不同，多种色彩组合搭配则是主要方式。相对于单色和双色配色的方式，多色配色较难掌握，但色彩配色是有规律可循的，本章会归纳几个较易操作的原则。

1 有彩色搭配

有彩色搭配若能取得调和，会给人以色彩丰富、色调优美、绚丽之感，如果搭配凌乱或比例不当，则会让人感觉轻浮、庸俗、低级、视觉混乱。所以，使用这种配色原则时，一定要谨慎、细致地斟酌。首先选取一个主色调，其他颜色为副色调，若副色调是主色调的类似色，可通过明度或纯度的变化来进行搭配，这样比较容易取得统一。

❋ （1）红色为主调——暖与冷

用红色去布置我们的家居易被男女主人达成共识。我们可以从红色的两个偏移方向进行配色，一是向暖色方向偏移，形成大地色系的棕红色或橘红色，二是向冷色方向偏移，形成梅子紫、玫瑰红色调。

家居的整体环境以木质用色为多，如紫檀木色、黄花梨色、红木色、新式板材桦木色等，在这个沉稳的色系中，加入一系列自然的暖棕色、橘红色，或是加入一系列冷玫瑰色、

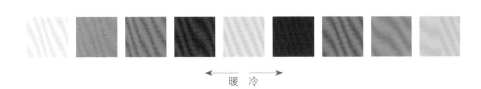

暖　冷

梅子紫色，偶尔配搭一些具有烟雾感的冰灰色，便能形成自然流畅、动人心弦的奢华色彩。

① 向暖色方向偏移的红色配色方案。

在暖色介入的过程中，如果添加一些黄橙色，便可形成一系列灵感来自食材的柔和色彩，如蜜饯色、果酱色、辣酱色，或新鲜出炉的乳蛋饼颜色等，为家居增添一份亲切感。偶尔，沙发的靠垫、床上的靠枕小面积地掺杂一些荧光酸草绿色，补充了大自然的氧气感，又展现出与红色碰撞的效果，令人振奋，具有无限活力与生机。

② **向冷色方向偏移的红色近几年逐渐成为家居中的新宠。**

土耳其蓝、冰蓝、灰蓝等这些冷色调不仅在服饰和工业产品设计中大量出现，中国百姓对这种色彩的家用纺织品也情有独钟，所以红色中加点冷的味道也是未来趋势。

设计师可以采用撞色的搭配形式，如紫玫瑰、灰橘色与中黄色、石蓝色相撞，流露出些许异域的风情。另外，家居中的墙面常用白色、天蓝、米黄、卡其等淡色系列粉刷，既永久安稳又温暖如春。在淡色的映衬下，梅子紫、樱桃色更是散发着诱人的清香。

家居设计中，红色以吉祥的象征成为不可或缺的颜色，它的加入乃画龙点睛之笔，既丰富空间的层次感，又增添了室内的情趣。无论家居的整体色调是现代的黑白，还是经典的米咖，或是活泼的粉橘，红色的介入都会为你的居室增添新的魅力。

❋ （2）黄色为主调——类似色

黄色因其鲜活的视觉效果和带有绿色的自然味道，应用非常广泛。它是极为敏感的颜色，掺杂了绿色或略加一点蓝色就形成酸柠色，显示出青涩感。黄色若加进了红色，会形成难以置信的振奋感，爆发出一种力量、决心、快乐的情感。另外，如果降低黄色的纯度和明度，它将褪去浮华，留下天然雕饰的淳美，形成充满大自然感的咖色系、土色系、木色系，这些也是家居中常用的色系。

我们可以从黄色及其类似色的搭配中寻找到意想不到的欢快。黄色，向左一偏就是橙色，向右一转就是黄绿色。

冷
暖

① **竹黄色与自然的咖啡色、木本色、绿香蕉色组合，梅子红色作点缀。**

朴实而耐用的物件一直是室内装饰关注的焦点，如编织等手工制作的装饰品等。天然的色彩，如木棕色、咖啡色、白垩色、亚麻色与竹黄色进行搭配，体现了一种天然的趣味，偶有绿香蕉色和梅子红色穿插其中，撞色的搭配风格令人为之惊叹。

粗粝的布艺显示出编织的痕迹，金属质感的亚光材料显现出复古的优雅，而光面质感金属与金色的搭配闪耀出直击人心的光泽，实际上也是一种权力、自信的象征。

② **蜂蜜黄与卡其色、红木色、赭石色、橄榄棕色组合。**

人们重视最纯的、自然的天然材料和富有生命力的营养成分，这些都是大自然的给予，蜂蜜黄与卡其色、红木色、橄榄棕色等这些黄色的类似色搭配出一幅令人感觉温暖、休闲的画面。

另外，喜欢黄色的人士会积极主动地对待自己的人生。黄色总能带给人鼓舞，是辉煌的象征，所以，黄色富含了人类

渴望奢华的情感。镶嵌有珍珠、钻石、金银等的器物散发着光亮，忽明忽暗的闪烁感也带来震动感，使整个空间活跃起来。这种高调张扬、奢华闪耀的风格一直是女性的宠儿，因此，在家居产品中，与黄色搭配的色彩组合，其能量不可小觑。

总之，光感材质是未来家具软装的发展方向，黄色的应用为家居生活带来灿烂的阳光。其活力与魄力，仿佛让我们回到自然中去呼吸，享受阳光的沐浴。

✲（3）紫色为主调——补色

从浅淡的紫丁香色到中明度的普紫色，从青莲紫到灰紫色，紫色系展现出不同的气质偏向。紫色的互补色是黄色，互补色的搭配总能给人带来出其不意的奇妙效果。

① 咖喱黄与紫丁香、紫罗兰、绛紫色进行搭配。

如果单纯地将黄色和紫色这两种颜色拼合在一起，会给人强烈的排斥感。因此，在实际的应用中，一般会将一方或双方的颜色明度或艳度降低，同时加大色彩面积的对比，在

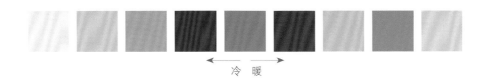

冷　暖

节奏感中经营平衡。当然，也可采用白色做底，这样会组合出柔和的色彩印象。金属拉丝质感能够赋予这些颜色精密、细腻的感觉，并且令其色泽拥有独特的闪光效果，也是软装搭配的亮点。

❋（4）蓝色为主调——明暗

蓝色的色彩语言多变，浅淡的水蓝色在时尚舞台中永保清新；超暗的墨水蓝取代传统黑色和海军蓝，传递沉稳的男子气概；含灰的烟蓝色与带紫色光泽的群青色让室内装潢与配饰焕然一新。蓝色以明暗对比走秀在室内设计的舞台上。

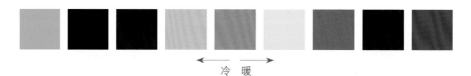

冷　暖

① 清新的浅蓝色与白色系、婴儿粉色系、橄榄色搭配，打造清净、甜美和健康的印象。

家居软装色彩现在越来越多地应用蓝调，以寻求健康、安全的感觉。在卧室中，淡淡的水蓝色与白色勾勒的自然花朵让我们体会到一份纯粹的清静，色彩如同被过滤后一般干净，与自然的面料纹理相得益彰。

婴儿房或儿童房用天蓝色与婴儿粉形成柔和的对比，甜美的色彩与天然的材质营造出一种轻盈的活泼感，保护宝宝

眼睛的同时，也让宝宝感受世界的缤纷。另外，带有银色光泽的天空蓝为卧室带来一种悠远和纯净，白色加强了这种感觉，童趣造型的灯光使房间更显剔透。

甜美的色彩也能进一步衬托出花草纹和小碎花的气质，用白色墙面作为底色，使粉色系列显得更加娇嫩。背景的绿色墙纸和红色形成对比色，有效地活跃视觉，同时为了降低这种对比带来的视觉紧张感，加入的白色降低了色彩明度，打造清净、甜美和健康的印象。

② 超暗的午夜蓝、钴蓝与松木色、乌木色、象牙白的搭配塑造简单空间。

人体工学和空气运动给现代家具带来了人性化的设计。新曲线所创造的外观天然舒适且具有吸引力。浅淡的水蓝色附着于流线造型上，为其增加了理性的科技含量，柔软中具有刚性特征。橄榄色打破蓝色单调的同时获得一种协调性。

纪梵希（Givenchy）、古驰（Gucci）和罗达特（Rodarte）等品牌在前两年都推出了午夜蓝眼影色，设计师和化妆师利

用深色调打造阴郁的美妆风貌。与此同时，居室的色彩也在悄然发生着转变。蓝色将浓烈感化去，巧妙地掺杂了黑色，形成仿如夜空的天然暗色调，与乌木色、烟熏色一起塑造出宁静的简约风格。

③朦胧感的烟蓝色、有光泽的群青色与白色、卡其色的搭配展现新颖感。

在家居领域，东西方风格变得越来越一体化，双方都在寻求一种统一感和伙伴关系。所以，目前的设计总能保留东方的古典美，同时又融入西方严谨的工序和现代材料。

蓝色是沉静的，可以代表东方禅宗的一种静谧心态，蓝色同时又是谨慎的，代表了严格的程序化，我们可以将两者合一。加入一些灰色的烟蓝色是一种低调的奢华，经过晕染的处理，让人们在朦胧中体味东方印象。烟蓝色与中性的棕色、褐色、卡其色搭配，让人感受到东西方色调的融合。

总之，从柔和的淡水蓝到深邃的午夜蓝，从清澈到模糊，蓝色调给家居生活带来创新与惊艳。

2. 无彩色与有彩色的搭配

无彩色与有彩色的搭配主要是以黑色或白色这样的无彩色将所有颜色包围，以减少有彩色对眼睛的刺激，使室内环境取得调和效果。

❀（1）白色与有彩色

浅淡的颜色一直是室内色彩的首选。白色带来轻飘、柔和、干净的印象，和其他颜色的搭配永远保持着透气性和包容性。所以，在居室设计中，室内装饰品在配色上也多采用接近白色的、浅淡轻柔的颜色与其他色彩进行搭配。

① 本白色、象牙白与明亮的黄色、淳朴的褐色搭配。

黄色在白色的空间中起到点缀的作用，由于大部分黄色是经过演变后的天然色泽（如卡其色、竹黄色、牛皮纸色等），降低黄色的纯度能够使其在室内应用中更加自如。竹黄色与乳白色的搭配体现一种自然的气息。在黄色中略加一点红色形成偏暖的橙黄色，与白色组合，为整体空间增添活力与能量。

　　褐色淳朴且舒适，给人带来安全感。在室内，烘烤面包色的地板、木本色的家具、皮毛色的地毯……深浅不同的褐色如同一份私厨烹饪的佳肴，暖暖的，带有芳香的味道。而象牙白与驼色、咖啡色的搭配体现怀旧的风格；一尘不染的本白色与熟褐色、巧克力色组合明朗而清晰，彰显成熟与智慧。

② 白垩色、乳白色与源自淡水的色彩——松石绿、透明的蓝色进行搭配。

清新的松石绿具有现代特征，半透明的乳白色在明亮的色彩和柔和的中性绿色之间找到了平衡。干净几乎成为色彩的一个维度，柔和、浆状的表面质感看起来似乎充满弹性。绿与白的搭配轻盈、明晰，白色成为真实物质的补充。

蓝色的装饰让白色显得更加轻松活泼，是一组纯净的搭配。白色是最浅、最轻的色彩，象征着完美与理想；蓝色是最远、最冷的色彩，代表探秘与幻想。白色与蓝色的相加安宁而悠远，正是自我满足与闲适相融的生活方式。

另外，透明的湖蓝与粉状白色搭配，同样形成材质上妙趣横生的对比，但是在色彩上又共同达成遥不可及的清澈印象。

深海蓝色和夹杂珠光质感的白色色彩组合，显示出冷静与理智，创新材料和天然物质的结合，又将自然的粗犷与人工的精致形成出其不意的对比。

③ **瓷白色、珍珠白与浪漫的紫藤色、浓郁的紫罗兰搭配。**

我们可以想象一串串的紫藤花，代表女性轻柔、淡雅、温婉的感觉。白色与浪漫的紫藤色组合，展现温和与娇嫩。人们常将淡淡的紫藤色列为女性的色彩，因为紫藤色本来就带有柔和的感情因素，有温柔的特质。紫藤色柔软而清静，白色冰冷而洁净，两者的结合象征纯洁。如果用瓷面白做衬底，紫藤色与少量的草绿色组合，则带有清新的味道。

偶尔夹杂一些鲜艳浓烈的玫瑰色、紫色、孔雀蓝，形成一种光幻的效果，柔和的对比中能体现华丽。

总之，色彩以白色为中心，与其他的颜色进行组合，可带给人们视觉上全新的体验。白色是多元的，也是一个具有包容性的色彩，与黄、蓝、紫等都能兼容，只要有白色的存在，所有的色彩搭配都能够和谐统一。所以，白色的搭配是完美、理想与积极的化身，同时，材质的创新也将使白色的运用更加神奇与辉煌。

❋（2）烟黑色与有彩色

烟黑色即灰黑色，几乎是所有颜色的好搭档，与其他颜色组合在一起尽显韵味。

黑色和暗色在大空间的应用中显得气场强大，材质的重要性甚至超过色彩，比如天鹅绒、鳄鱼皮革、亮面塑料等材料，在新技术的推动下将黑色的丰富性表现得淋漓尽致。

① **烟黑色与青铜色、云杉绿、深红色搭配加强朦胧印象。**

浓厚的、深的、黑暗的颜色暗藏力量，带给我们不可思议的神秘感。在绘画创作中，暗色调不是单调的，我们总是可以发现它处处散发的光芒。全新的深色搭配引人遐想，看起来像被炭火熏烤过的烟黑色与天然矿物颜色（如云杉绿、

青铜色）结成微妙的组合，天鹅绒般的触感以及新材料的金属光泽，营造出一种精工细作的氛围和精英的形象，产生新层面的精致成熟感。在各种纺织品设计中，通过染色工艺，烟黑色与其他颜色形成的渐变色效果，带来了朦胧的印象，自然而淳朴。

在室内装饰和产品设计中，黑色和红色的搭配显然很有吸引力。中国传统戏剧的脸谱艺术往往用黑色象征历史人物的刚直不阿，用红色象征忠勇侠义。因此，这两种颜色的组合，是将坚忍不拔的毅力和充满激情的活力融合在一起，平衡人与人之间的情感。

② **烟黑色和蓝色的搭配展示优雅风情。**

迪奥（Dior）说过，优雅是由高贵、自然、细致与简单构成的混合体。优雅要求放弃豪华、放弃招摇。如果使用黑色装饰，放弃的还有色彩。因而黑色是没有风险的优雅，蓝色是天空和大海的颜色。纯净的蓝色代表着宁静与和谐，而优雅恰恰是一种和谐，类似于美丽，只不过美丽是上天的恩赐，而优雅是艺术的产物。因此，黑色与蓝色的搭配呈现出超凡脱俗的风情。

黑色具有高贵、稳重的性格，蓝色具有沉稳、理智的特性。在商业设计中，强调科技、效率的商品大多选用黑色（如

电视、电脑、汽车、摄影器材等），而这些企业的形象设计，又大多选用蓝色当标准色。所以，黑色与蓝色还传递着一种科技感。

总之，暗色的力量在现代的室内设计中应用特别广泛，就好比是到冰海或银河深处的一次深度旅行，神秘而具有冒险性。黑色主导了一系列低调的调色板，通过材料的肌理变化带给我们全新的视觉印象，并给陈旧平庸的物体注入生机，通过暗色视野传达时尚。

3 无彩色搭配

❀（1）白与黑的搭配

黑白是最基本的元素，是一切的开端，之后的所有过程都是以此为基础的变化和衍生。象牙白与乌木黑，这两种不同色彩搭配的质感体现出一种对传统的仿造。乳白色和基本的白色相互反应，不透明的黑色阴影逐渐获得色彩感，在各种材料质地的衬托下显得丰富且具有变化。

❋（2）烟黑色与白色、灰色的搭配

一切都使用中性色彩使现代设计回归本真的心性，放弃不必要的装饰、多余的模式和色彩，只留下黑白灰。黑色和白色是极端对立的两个颜色，白色为始，黑色为末，然而它

们之间又有着惊人的相似性。白色与黑色都属无彩色，都以对方的存在显示其自身的力量。黑色与白色混合后得到灰色，它在黑白之间创造着平衡。

通过黑白灰的搭配，灰白色作为点缀，这种无彩色的组合强调产品的功能胜于形式的理念，宣扬一种素净情调。各种创新材料呈现出崭新的表面效果，这又让无彩色设计传达出时髦的风格。同时灰色有冷暖的倾向，黑白与暖灰色的搭配展现宁静的温暖感，与冷灰色的搭配体现一种职业感的简练，从而赋予家居装饰不同的格调。

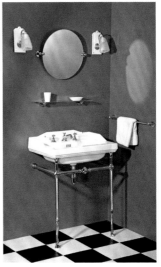

风格·色彩

　　颜色有着两面性——极端的不稳定性和相互依赖性。只有把颜色放到一个具体的色彩关系中加以规范时，它的多义性和可变性才会降低。色彩的鲜明性更多地取决于明度而不是色相，因此在搭配时，不能仅仅关注想用什么颜色，更重要的是在明度和纯度的尺度中进行选择。

1. 利用九宫格规划色彩

　　颜色比起软装的其他搭配规则，都更加难于捉摸。色彩在空间上和时间上，由于邻色的影响随时发生着变化，甚至在不同的时间阶段，同一种颜色也会看起来不一样。所以印象派的艺术家们才会如此痴迷于研究色彩变化的秘密。印象派画家莫奈的系列作品《干草垛》，能从秋天一直画到翌年初春，不同时辰、不同光线能变换出不同色彩印象。同理，一张沙发，一分钟之前还是暖色调，添加一个色调更暖的抱枕后，沙发的暖也会变成相对的冷。你也许还会碰到这样的情况，刚刚还是非常协调的搭配，因为添加了一个不和谐的颜色，效果马上变得别扭。

　　判断色彩的搭配关系是否和谐，可以把色彩的明度、纯度规划在九宫格中，共形成九种色调：

　　九宫格纵向代表明度，从上至下，分为高明度、中明度、低明度三个层次；九宫格横向代表纯度，从左至右，分为低纯度、中纯度、高纯度三个层次。

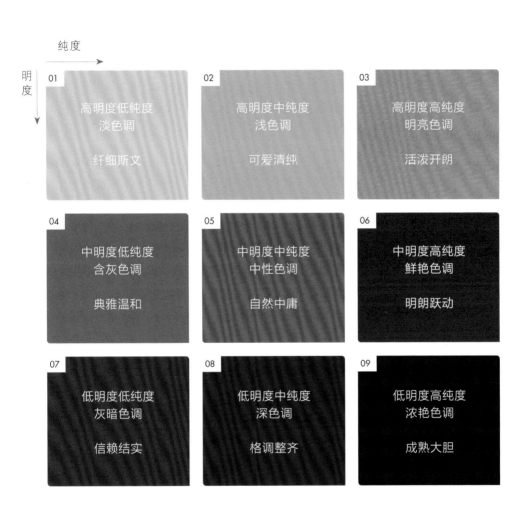

纯度

明度

01 高明度低纯度 淡色调 纤细斯文	02 高明度中纯度 浅色调 可爱清纯	03 高明度高纯度 明亮色调 活泼开朗
04 中明度低纯度 含灰色调 典雅温和	05 中明度中纯度 中性色调 自然中庸	06 中明度高纯度 鲜艳色调 明朗跃动
07 低明度低纯度 灰暗色调 信赖结实	08 低明度中纯度 深色调 格调整齐	09 低明度高纯度 浓艳色调 成熟大胆

九宫格中的九种色调给出不同的色彩印象，这九种色彩印象可以很明确地
体现出风格定位，代表了最典型的九种风格（以红色为例）。

❋ （1）九宫格中的色彩印象

人们对色彩的印象包含两方面，一个是色相，一个是色调。作为家居设计师，我们可以从艺术大师的作品中去体味色相和色调之间的微妙关系。

梵·高《向日葵》——大面积运用黄色，表达一种单纯而强烈的印象，画面的整体调子又处在高纯度和中高明度的区间，强烈彰显出画家内心的狂热和对生命的激情。

马蒂斯《钢琴课》——带绿调的暗灰色主调衬托着画面左侧的绿色色块，蓝色、橙色窗框的明度和绿色色块差不多。钢琴上的粉色布构成绿色的补色。演奏者与整体的画面气氛融为一体，整幅画的色彩除了格子窗、钢琴上深色的线条和背景中浅色的人物，其余都选用了同等的明度，因此整体色调显得非常平静。

① **浅淡色调，适合用于小空间。**

浅淡柔和的色彩给人以清新秀美的印象和文静的感觉，让人感到亲切。另外，浅淡的色彩给人以开阔感，明度较高的颜色使人感到轻松。

小空间的起居室通常适合选用浅淡的色调，以达到在视觉上扩大空间的效果。通常情况下，宜用同类色相的色彩进行搭配。

地面以奶油色为主，家具选用浅卡其色，构成浅暖灰的色彩环境。如果墙面是淡绿色的，顶棚可选择白色，地面可选择浅咖啡色，家具可选择白色，形成浅灰绿调的色彩环境，恬静而温馨，使人得到压力的缓解。

② **鲜艳色调，适合儿童房以及娱乐、聚会的空间。**

纯度较高的色调明快、活泼，给人以强烈的跃动感，具有感染力和影响力。娱乐聚会的空间，可以选择艳丽而富有动感的色彩，以此调为主将室内空间打造成具有节奏感的形式，并配合人工光源造成跳跃性的色彩印象，使人在其色彩环境中精力充沛，对事物的反应更敏捷。

为了儿童房迎合欢乐、活泼的环境要求，室内要多采用鲜艳色调，软装多选择明快、亮丽的色彩。明亮的纯色可激发儿童的视觉和神经活动，促进智力发育。

③ 中性色调，适合用于沉稳的空间及卧室。

中性色调表现出一种中庸的态度，留给人平凡而自然的印象。它给人带来一种温润感，让人置身于世外，享受休闲生活。

卧室是一个在繁忙工作之余可以释放自我的空间，私密而宁静。一般来说，卧室的色调以柔和、宁静、偏暖的中性色调为主，装饰物品也多采用中性偏暖的色彩。卧室空间注重纺织品的运用，利用纺织品特有的质地、色彩与人的感受互动，床品采用柔软的棕绿色棉织面料，则更增添一份舒适、柔软的惬意感。

④ 含灰色调，适合用于书房或阅读空间。

含灰的色调总给人以典雅、温和的印象。如供人学习、研究所用的阅读空间，环境色可选用安宁、平静、稳定的浅淡色调或含灰色调，使室内环境安静、爽朗，有助人们集中精力、清晰思路。

墙面色彩可选用白色、浅灰色、灰绿色、灰卡其等作为主要的环境用色；地面色彩可采用中性含灰色，营造简洁大方的效果。这时，软装的色彩则可以中性色相或冷色相为主，色彩的纯度不宜太高；明度上可选择中低明度基调。

⑤ **深暗色调，主要作为空间配色使用。**

深暗的色彩呈现出稳重、严谨、知性的印象。在家居的应用中，通常不会以深暗色调为主色调，而是局部选用，如选用深色的地面或墙面，或选用深色的家具，增加家居的稳重感和层次感。

深褐色、茶褐色和黑色是家居中最常用的深暗色调，适合应用于空间较大的会客厅、书房，给人以脚踏实地，追求极致的印象，易产生端庄的室内格调。

❀ （2）九宫格色调运用法则

九宫格内的色彩选择被规定在九种色调中，色彩的搭配具有统一性，但真正的色彩应用远比九个色调要复杂，它既要同环境调和，又要丰富环境。因此，寻找对比色调是丰富表现的方法，这样可以引起人们视觉上的紧张感，留下生动、强烈的印象。

这就要求软装设计师在进行实际配色时，除了掌握好色彩的基础配色理论，还要进行跨界搭配，以九宫格中一格的风格为主，跨选其他格的风格，特别是可以跨选对角线上的风格作为点缀应用，从而达到丰富和变化的效果。比如，高明度高纯度的色彩区间代表了律动风格，在这个区域中加入过多的、厚重的低明度低纯度色彩不合情理，但若为了划分空间，或为了突出形式感，往往要加入一些小面积的低明度低纯度色彩，效果更显活泼新奇。

以粉色为例，同一调性的粉色与不同区域的色彩配合在一起，给人带来的感受会很不同。

① 中明度的粉色与高明度的洁净白色、纯净的蓝色进行搭配，除了显得柔软细腻，还给人富有弹性的感觉。

粉色是由激情的红色与纯洁的白色混合而成，它将红色弱化，又赋予白色生命力。因此，粉色有性感的一面，象征浪漫与甜美的爱情，同时它亦有纯真的一面，代表童年时代柔软而娇宠的梦。

在粉色中多加一点红色和紫色形成玫瑰色，是幸福、青春、爱情的化身，与白色搭配，创造一个清新、永恒的真爱环境。

在粉色中多加一点白色形成淡淡的粉色，与纯白色和淡淡的粉蓝色组合在一起，给人以温馨感，适合婴儿的房间。

② 高纯度的粉色与中纯度的和谐绿色或天然蓝色组合，散发着阵阵幽香。

绿色与大自然、植物紧密相连，是代表生命力的颜色，给人和平的印象，属中性色彩，既暖亦冷。红色是热烈的颜色，添加白色后降低了其纯度，以柔软、雅致之感诱发了对童年的渴望。因此，粉色与绿色组合在一起，是关乎成长的记忆，仿佛身处自然清新的户外场所，有趣且快活。

俗语说"粉配蓝，赛貂蝉"。在居室中，以中性色做衬底，红色与白色调和形成芙蓉色，与碧海蓝天的蓝色系列进行搭配，比例分配恰当，气质撩人。

③ 具有活力的高明度高纯度的粉色，与自然风格的中明度中纯度区域的卡其色、花梨色、红木色进行搭配，形成人工与天然的对比。

从红色中派生出的粉色是一种温暖的色彩，一种亲近的色彩，掺杂一点黄色形成橙粉色，添加一点紫色形成紫粉色，像所有混色颜色一样，粉色让人联想起人工打造的味道。

居室中常用的一些中庸、低调色彩（如卡其色、红木色、赭石色），均带有天然的印迹、泥土的气息和悠长的古韵风采。当粉色与这些颜色组合在一起，它便去除了柔弱的个性，一展再造的本质，以其坚毅的性格对抗天然提炼的颜色，两者相互融合，形成了一种别样的景致。

④ 高明度的粉色与低明度的紫色、高纯度的粉色与低纯度的紫色组合，相映得彰，提升美感。

有粉色的地方就有紫色的存在。紫色的形成同样有红色的渗入，因此，在色盘中紫色是粉色的邻居，划分于同类区域，与粉色组合在一起可以创建一个更女性化的风格，两者不会出现搭配上的失衡。粉色在紫色的带动下变得高贵典雅，紫色有粉色的陪伴则尽显梦幻与优美。

粉色和偏红的紫色都是法国宫廷风格偏爱的颜色，搭配暗金色能够很好地营造出奢华厚重的软装感受。不过这里的粉色明度和纯度都不宜太高，以免色彩过于轻浮传达不出古典风格典雅的气质。天鹅绒或反光度较高的亮面丝绸都能增加粉色和紫红色的分量。

2. 清新格调 高明度低纯度 & 高明度中纯度

❀（1）浅淡的紫藤色，搭配轻柔的白色、糖果粉、淡蓝、奶油黄、玫瑰金

浅淡的紫藤色与超自然的苍白色彩经过淡蓝色处理，形成凝胶般的质感，泛着珍珠般的光泽，达到不同寻常的奇异效果。轻柔且苍白的色彩显示出女性的温婉与娇嫩，紫藤色则代表了一种混沌的感悟，两者混在一起，正体现了一种介于两性间的迷惑，是中性特质的延续。

在家居装饰应用中，若房间以浅淡的白色调或奶油色为主，可选择紫藤色的饰品穿插其中，再掺杂一些淡蓝和淡黄色，展现出简洁而清新的时尚风格。

很多女人偏爱粉色，用粉色打造的房间代表了一种清纯，加上紫藤色的组合，柔软和顺从中透出几分叛逆感。同时，瓷面白和婴儿蓝的加入带有些许俏皮的味道，偶有玫瑰金作点缀，活跃整个空间的气氛。

❀（2）浅石绿与蓝色是友好邻居

浅淡的颜色代表轻柔、干净，我们会发现许多代表浅淡、轻柔意义的颜色都保持着一种透气性和包容感，浅石绿刚好吻合了这种印象。

浅石绿带有蓝色的基因，和蓝色同属于一个家族，它的明度高，配色灵感源自淡水。浅石绿、透明的浅蓝色与白色进行搭配，呈现出一个浮动的水下世界，给人以朦胧梦境的

错觉，使人心醉。也可以从非常深的海底蓝过渡到清澈的淡蓝，再逐渐向绿色转变，达到一种轻盈、润泽的效果。一些黄色、卡其色偶尔穿插在整体的蓝调中，活跃了室内气氛。同样，浅淡的灰色与蓝色、蓝绿色的搭配，可以让整个室内空间整洁清新。

浅石绿在混色家居的映衬下，带有一抹清澈感，给人们创造出更为平静的生活空间。

※ (3) **案例解析**

美式乡村别墅

设计：Tom Stringer Design Partners
摄影：Werner Straube

美式乡村的家居风格给人朴实无华、随意自由的印象。以享受生活为主旋律，将一些风格汇集在一起，或自然，或怀旧，或融合。

本案的配色方案主要以高明度低纯度为主，令别墅充满田园绿野般的清新氛围。

客厅、餐厅、卧室的色彩虽然是运用了蓝色和黄色的对比，但是两个颜色的明度都大大提升，纯度则大大降低，再加上白色的穿插，给人以轻透、舒适的协调感。

尤其是卧室，把蓝色、
黄色和粉色的明度都提高到
一个高点，纯度则降到一个
低点，形成各种粉彩色，之
间的搭配柔软而细腻，如同
婴儿的皮肤干净而富有弹性。

亚金色画框和暗红色插
花则为视觉找到一个聚焦点。

　　阳台的色泽也与室内的
配色保持一致，维持了整体
高明度低纯度的方案，在白
色主调之中添加与大自然色
泽比较接近的浅绿、浅蓝，
则提升了户外空间的和谐感。

北欧乡村度假别墅

设计：Tom Stringer Design Partners
摄影：Werner Straube

简洁、现代风格的软装，以纯净的白色为主旋律，家具
和纺织品去掉虚华的艳丽色彩，蓝色和绿色的纯度保持在中
等位置，给人一种贴近自然、宁静的效果。

蓝、白、黄、绿创造
出的色感明媚、美好，令
人犹如沐浴在清晨的阳光
之中。

　　洁白的壁龛里跳跃出几抹艳丽的色彩，饰品的图案也呼
应了室内整体配色的蓝、绿、黄，明艳却和谐。

　　色彩与光线相辅相成，在这个光照充足的空间中，光线
提升了高明度色彩的活力，高明度色彩则增加光线的层次感。

即使是用黑白色彩营造出强烈对比感的卧室，也安排了
中性的绿色椅子、靠枕和驼色地毯等来协调视觉的撞击感。

北欧的室内风格被越来越多的当下都市人所接受，人文健康与现代时尚在这里被体现得淋漓尽致。

清爽海滩风别墅

设计：Design HQ (Hirayama + Quesada)
摄影：Miguel Nacianceno

　　本项目展示了现代与自然风格结合的热带海滩风情室内设计。当代风格配饰与各种纹理材质的混搭运用出色地呼应了关于大海、沙滩和海边生活的主题。

　　高明度中纯度的色彩搭配衬托出浓浓的度假休闲感。

　　空间中通过白色与深浅不同的裸色交错互换，划分出客厅、厨房、餐厅等各功能区域，整体视觉效果柔软而舒适，带给炎炎夏日一份清凉感。客厅中橘木色椅子的点缀，给素雅的空间增添了自然和轻松的韵味。

典雅的米白色主调和浅木色家具配饰的搭配，为开放式格局的厨房和餐厅增添了宽敞明媚的感觉，令人在此煮食和就餐也不自觉心情愉悦起来。

偶尔几笔亮丽的色彩，也在卡其色的墙壁和米白色主调的衬托下显得鲜艳又和谐。

　　客厅设置了大片的落地玻璃，户外的自然景观也与室内的软装布置完美融合一起，像一道连贯和谐的风景。

在室内休憩的时光，便可同时将海滩、蓝天、白云尽收眼底，无限惬意。

卧室融合纯净的白色和柔和的肌肤色，深咖色的木结构床与小麦色的背景墙组合，从最浅到最深，整体形成明度上的对比，在平淡中显示变化。

清淡的配色风格与周围的蓝色海洋演绎出健康的海岛度假风格。

3 时尚格调 高明度高纯度 & 中明度高纯度

❋ **（1）艳粉色、硫磺色、蔓越莓色、天蓝色混杂的新视觉印象**

这是一个充满活力，大胆的色彩旅程，将现实与梦想融合在一起，营造出充满刺激而又俏皮的非凡世界。如同极具表现力的新生代年轻人，超越信仰、摆脱束缚，以前卫、放纵的心态在无限自由中发挥创造力， 塑造一片混乱的快乐氛围，并沉浸在其中。艳粉色、硫磺色、蔓越莓色、天蓝色等视觉强烈的色调，以刺激或奇异的方式组合在一起，塑造出快乐的混乱效果。

❋ （2）明亮的黄色与鲜艳的蓝色、红色进行搭配

现代的沟通要通过网络，真实与虚拟进行对决。色彩也同样，我们常常在有彩色和无彩色之间进行把玩。

现代家居需要一些极具现代感的元素，比如各种几何造型、拼插积木、蒙德里安式图形等。在这种风格的助推下，设计师要大胆地应用三原色进行块面分割，明亮的红、黄、蓝用白色提升清洁度，或用灰色降低明艳度，进行一场原色的视觉游戏。

装饰品通过技术加工，使鲜艳的色彩同时具有镜面效果，而带有荧光感的黄色光鲜夺目、闪光金亮，相互搭配能给人以神秘、变幻之感，如同一场古埃及的穿越之旅。

❀（3）克莱因蓝与橘红，桃粉、橘黄创造艺术化生活

新现实主义的倡导者、特立独行的艺术先驱、法国艺术家伊夫·克莱因相信，只有最单纯的色彩才能唤起最强烈的心灵感受力。"克莱因蓝"的 RGB 比值是 0 ： 47 ： 167，这个颜色所延续的蓝色系列，让人品味到艺术家浓烈的"蓝色"贵族风范。

※ **(4）案例解析**

充满童趣的旧宅翻新

设计：Stewart Horton / Horton and Co.

摄影：Jason Busch

　　本案原来是一所古老的维多利亚式房屋，经过翻新后如
获新生，充满各种独特、古怪的饰品，摇身一变成了不失现
代简约感的生活空间。

　　装饰物品中亮丽的颜色组合，以及明黄色的椅子与波点元素的地毯趣味结合，再加上墙上悬挂的齿轮钟，都仿佛带我们回到童年，充满童真的乐趣。

　　墙上的装饰画、书柜里的书、家具上的饰品等的配色，虽然鲜艳夺目，却相互间呼应，充满协调感。

现代简约风格的配色多以中性的灰色作背景，在黑白灰的选择上开始了颜色的旅程。粉色的靠垫与浅灰的沙发给人以甜美感。

自由艺术的色彩交响乐

设计：María Lladó
摄影：Pablo Gómez Zuloaga

现代风格艺术品成为这组案例毋庸置疑的主角。无论是西方的古典绘画、现代的构成主义画作，还是带有古典韵味的雕塑和色泽闪耀的陶器饰品，都充满自由驰骋的思想和艺术的氛围。

淡雅的米白色主调、高纯度色彩的家具和饰品、极具视觉冲击的画作和雕塑，都喷涌着文化内涵和艺术气息。

沙黄色的沙发形成过渡，琉璃黄的地毯把音调提高，艺术将古典与现代跨界混搭，为我们演绎了一首色彩的交响曲。

白色与黑色、深酒红色之间高低起伏的明度变化，仿如艺术的冲动表达。

偶尔一抹清新的室外空间，为疲惫和压力提供了完美的释放口。

4 自然格调 中明度中纯度

❋（1）卡其色与蓝色、灰色的组合形成优雅风景线

　　简单的生活是一种智慧，赋予禅意的色彩能唤醒我们的内心，让眼睛感到平和舒缓。自然色彩、基本色彩和本质色彩是家居界所主张的重要色彩。卡其色接近米色及咖啡色，是自然感觉的颜色，常被作为一种基本色进行处理。除了白色、黑色，卡其色同样是不会出错的永恒之选，但其往往难以被界定，是一种近似土黄、介于浅黄褐色和中浅黄褐色之间的颜色。卡其色与蓝色、灰色的组合最能展现自然、优雅、内涵的一面。

　　红、黄、蓝混合后再加上白色产生卡其色，卡其色将这些原色吸收，弱化原色自身的性格使色彩外貌朴素，但内涵

丰富，所以，卡其色可称为春天的色彩，它将原色进行改造而后重生。蓝色代表水与生命，是经典的色彩，灰色是现代的色彩，卡其色与这两个颜色搭配在一起，形成柔和的对比，展现出生命的深度，蕴含优雅及朴实的风范。

❋ （2）卡其色与苔藓绿、咖啡色组合迎来收获的季节

深色的卡其看起来与咖啡色类似。卡其色带有黄色的味道，咖啡色含有红色的味道，不过这两种颜色组合在一起非常安全，属于同类色搭配，加上苔藓绿，浓郁的色彩让我们体会到秋天丰收的季节。

✳ （3）黄绿色的装点带来生机

对于家居而言，人们更愿意从自己熟悉的事物身上寻找方向感和安全感，所以麻质、竹编、陶釉等天然的材质酝酿出天然的色彩，如卡其色、竹黄色、橄榄棕色、橘红色、牛皮纸色、漂白亚麻色。这些颜色与黄绿色组合，体现出一种天然的趣味。另外，一种室内常用的优雅中性色调——沙子色与泥土色，在黄绿色的装点下形成碰撞的效果，令人振奋，充满春天的气息，为室内增添活力与生机。

复古乡村风公寓

设计：Laura Stein Interiors

摄影：David Bagosy, Brandon Barré

这组案例整体的环境空间，无论是客厅、餐厅还是卧室，都以自然风味的中性浅卡其色为主调，带来质朴的印象。

中明度中纯度的自然风格配色，最适用于创造柔美、温馨感的居室。

象牙白和卡其灰的沙发、白色的床上纺织品，加之地面衬有驼色的仿旧地毯及绘有自然花草图案的芥末黄和豆沙绿装饰靠枕，这一切形成复古与乡村的结合感觉。

餐厅选用了深咖色的地面和黑色的家具，与米白色背景形成明度对比，令人印象深刻。

　　偶尔在空间的一角摆放透明有机玻璃材质的浪漫造型装饰台，将曼妙现代韵味带入家居环境中，与朴素混合成现代乡村风格。

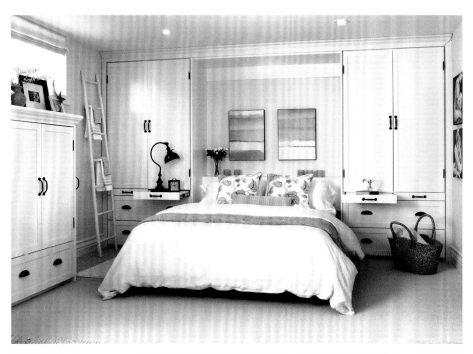

现代质朴风格别墅

设计：Metropole Architects
摄影：Grant Pitcher

别墅建于森林之中，四周都是草木林，因此房屋的设计和装饰也尽量与自然环境融为一体。多采用天然木石等材料来建设，并运用中明度中纯度的自然系色彩搭配，创造出质朴而又不失现代风格的居住空间。

浅卡其木色与淡咖色的大理石接触，体现闲致印象。

　　深色的柚木色、石青色保持着环境中的自然本色，加上动物皮毛本色和斑马图案的地毯，增添了原始情调。

　　偶尔在一片柚木色、卡其色、浅咖色等自然系色彩中跳脱出的一点红，是视线的焦点，却也自然而得体。

　　大理石、皮革、玻璃、金属等材质的运用打破了单一的手法，将现代风格中简约线条、简单元素、简洁架构并入到整体的自然风韵中。

现代家居设计中的白色运用，展现出超凡脱俗的气派。另外，流行元素蓝色的加入令卧室略带沉静感。

在选材上，原木和面砖的堆砌带来自然古朴的印象，但部分空间又不局限于木材和石材。

5 典雅格调 中明度低纯度

❋ （1）选择中灰色、浅灰色与蓝色、橄榄绿色进行搭配更贴近人性

灰色具有包容性，可与任何色彩"交心"，它由多种颜色混合而成，不像蓝色或红色那么鲜明触目。这种模糊、带浑浊感的色彩带给我们平和与深邃，看久也不会生厌。

作为可包容众多颜色的混合色，灰色的变化最为丰富，尤其是带有色彩倾向的灰色，显示出经久不衰与神秘感。灰色的应用普遍而大量，成熟的灰色非常细腻地展示出优雅的女性感和冷峻的男性感。不显眼、不张扬、沉默寡言、内敛正是灰色的特征。灰色更多时候代表了中性，但在其中进行色彩的倾向性变化，似乎又为其增添了节奏感。同时，灰色与原木色、深咖啡色、灰蓝色的搭配形成很雅致的色彩氛围。

一切从自然单纯的事物中挖掘不同寻常的惊艳，细腻品味简单和古朴，灰色可谓是低调的奢华。

✺ （2）卡其灰、木炭灰及偏蓝紫的冷灰体现中庸之道

卡其灰、木炭灰及偏蓝紫的冷灰色在家居的应用中非常普遍，相同的灰色可通过不同的材质去表现，如朴素的材质与具有科技感的亚光材质混合搭配，又比如强调深、浅灰色

区别的细微搭配等。灰色在其内涵上表现得非常丰富，层次的多样化以及灰色品质（材质等）给人视觉和触觉上的多元体验。

如果色彩有性格的话，那么灰色就属于没有个性的色彩——它没有鲜艳色彩的亮丽，但能使白色变得混沌，使黑色不那么纯粹，它所遵循的是中庸之道。

※ （3）案例解析

装饰艺术公寓

设计：LUX Design

这个案例空间虽然不大，却布置得十分干净、明亮而不失雅致。设计师运用了大量对称、简洁的装饰性线条，表达其对装饰艺术（Art Deco）风格的喜爱。

中明度低纯度的配色方案特别能衬托出优雅的氛围，一般在设计比较素雅的空间时比较适用。

整个空间采用银白色做主调形成背景色，浅灰色的运用增加了空间的层次感，深灰的地毯和黑色的座椅及靠垫带来了强烈的节奏韵律。

　　木色的地板和驼色的纺织品增添了室内的温润感，明
亮的黄色靠包及装饰品给这无彩的空间带来欢愉气氛，成
为室内环境的靓丽点缀，给人以时髦感。

　　卧室的配色也维持了灰色底加亮黄色的总体搭配，在舒缓的同时不失活泼，洗刷屋主一天的疲乏之后还能振奋心绪。

好莱坞典雅轻豪宅

设计：Campion Platt

摄影：Robert Trachtenberg

整个室内空间以典雅的色彩打造，客厅里的大部分面积被蓝色的沙发占据，给人一种低调奢华的神秘感。

　　同色系的成套家具和配饰是协调整个客厅配色的关键，低纯度深蓝色、麂皮材质、薰衣草色的抱枕，都给空间赋予了无限奢华感。

　　与地中海的蓝色不同，这是一个明度偏低，纯度偏低的蓝色，与墙体的灰赭色组合体现了主人的一种自我宣泄，带着一丝丝忧郁的情绪。

还好，室内白色的窗帘、
壁炉、浅驼色地毯以及黑白装
饰画协调了整体偏深沉的色调。

　　白色的毛毯和靠枕等饰品释放了空间中的沉闷气氛，为客厅带来了浓郁的艺术气息。

6 异域风情 低明度高纯度

❋ （1）深卡其色、巧克力棕与橘红色、锈红色组合展示温暖印象

同一种颜色，由于材质的差异反映的效果截然不同。比如用粗麻的质地去展现橘红色，会有种自然风貌；如果用丝绒材质，在冬季应用，则给人增添暖意。深卡其色、巧克力棕与橘红色或者锈红色进行搭配，会给漫长的冬季带来理想的视觉室温，同样，这些温暖的颜色能增加羊绒、天鹅绒等厚重材质的温暖感。

(2)浓烈的乌梅紫搭配自然的咖啡褐、陶土色、青铜色、森绿、翠雀蓝

生活在现代社会中的人们，渴望没有羁绊地回归到大自然去自由呼吸，用敬仰的心境、返璞归真的情愫，追求适度的装饰以及精致化的田园情调。因此，大自然的咖啡色系、土色系、木色系一直是家居中常用的色彩。

乌梅紫与鲜艳浓郁的色彩进行搭配形成一种光幻的虚拟效果，这种灵感来自科技的搭配，带有强烈的时尚气息，展现出时尚大片般的华丽视感。因此，在现代居室的应用中，设计师强调自然色与虚拟色的混合搭配。比如沙发、床罩这样的大面积色彩选择了自然本色，那靠枕和一些装饰品可选择乌梅紫，形成撞色搭配，为整个空间增加层次韵律感。

✳ （3）部落、民族、民俗的色彩受现代人关注

基本的饱和色彩是各文化背景下人们都善用的，经过现代艺术的洗礼，使用这些色彩的场合越来越多，并赋予其更丰富的内涵。在室内应用中，可以用米白色做底，靛蓝色、钴蓝色的家居产品与那些饱和但并不艳丽的颜色（如中黄色、枣红色等）进行搭配，而金属、玻璃、塑料等材质的光滑感加上柔软的棉麻质地的纹理表现，呈现出大众文化与民俗文化相融的趣味性，再偶尔加些现代化的配饰，会带给我们意想不到的惊喜。

✳ **（4）案例解析**

东南亚休闲别墅

　　本案以东南亚休闲风格的居室设计为主，充分发挥了材质的特点，将实木、石材、竹子、藤条等有机结合在一起，演绎出自然质朴而又温馨舒适的印象。

以石材的砖红色为背景，客厅中深褐色的实木与瓦楞纸色泽的棉麻结合而成的沙发，搭配竹黄本色的竹竿排列装饰，带给人原生态的环境氛围。

砖红色浓艳的色泽意外地
与木材本色、植物的绿色完美
融合，构成一组稍显怀旧的色
彩体系。

卧室的装饰格调是温馨安逸的。在砖红色的背景之中，大面积地搭配米白色的布艺品能平衡浓郁色泽所带来的阴郁感，令人心境平和。

沙发的靠垫和床上的靠枕采用华贵的泰丝，绚丽的红色、橘黄色、桃粉色与古朴的深木色形成撞色对比，冲破了空间的拙朴感，活跃了整体气氛。

银灰色墙饰面配合亚光金属洗手盆的运用，古朴之中却又透出低调的奢华感。

缤纷民族风住宅

设计：Design HQ (Hirayama + Quesada)
摄影：Miguel Nacianceno

该项目的设计带有很强的民族风，门窗的透雕以及彩色雕花带有异域风格特征。房屋整体装修的风格给人以简洁感，混搭了许多现代简约风的元素。

房屋室内的软装配色明度较低、饱和度较高，令红、黄、蓝、绿的家具和装饰品组合在一起的反差有所减弱，透出一股和谐而独特的复古亚洲风情。

墙面、沙发、椅子、靠枕等高纯度的色彩在室内空间中跳跃，形成对比；地面、门窗和大型家具采用了朴实的棕木色。在整个空间中，色彩之间的组合层次分明、有主有次，伴有民族风格的华丽感。

卧室里的色彩表现仿如几十个乐器同时交织的交响乐，各有不同的旋律却演奏出和谐和丰盈。

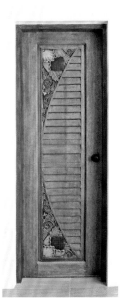

7 精致格调 低明度中纯度

❋ **(1) 青色、石灰色搭配胡桃木色、咖啡色彰显精致生活**

人们对物质生活的渴求，致使消费观念不断被拿来讨论，经反省后重新将注意力着眼于事物的基本层面，抛开浮华与欲望，感受真正的长久与永恒，是正确的价值标准。

源自大自然的青色与胡桃木色组合，以及叶绿色与咖啡色组合，表现出一种复杂而又精确的精英感，这种搭配的魅力在于给人营造了冷静、永久与智慧的感觉。

❋ （2）不同冷暖的低明度色调相互搭配体现沉稳

不同冷暖的低明度色调相互搭配，如温暖的橘红色与中性的鸽灰色组合，带有沉稳而又和谐之感；柔和的琥珀绿、兔灰色和紫褐色则强化了追求原始恒久的概念。人们渴望脱离生活中的一切欲望，回归纯粹，遗忘那些一时的嘈杂与炫耀，努力在原始、优雅中寻求共鸣。

古朴精致风住宅

设计：Lucia Valzelli
摄影：Giorgio Baroni

案例整体色彩搭配自然和谐，设计师选用了自然、浓郁的香木色彩形成空间的主调色，整体空间采用了同类色的搭配手法，只在明度上做了推移。

结构技术的应用使空间产生变化感。线条简洁，没有过多的装饰，使空间方正、透明，具有金属感，混合了些许现代气息，显得大方得体。

整体的墙面、天花板选择了淡淡的亚麻色，地毯和餐厅软包的椅子选用了浅驼色，家具选用了暗棕色，呈现出古朴乡村的气息。

餐桌上绚丽的摆饰为用餐时光洗刷了沉闷。

低明度中纯度的配色手法适用于创造自然、精致、优雅的生活空间。

8 稳重格调 低明度低纯度

※（1）暗色的微妙变化

在黑暗中探险，会发现大量朦胧的色彩和阴影，既有彩色的余晖，也有光的反射。复杂的模糊感给人以冷静、巨大和空阔的感觉。在复杂、模糊的黑暗中，灯光让色彩跳跃起来，深沉、神秘的色调再次闪现出别样的色泽。黄色能点亮暗色，呈现出微妙的捉迷藏效果。

❋ （2）古朴而华丽的低调色彩

尝试聆听内心深处的声音，平静的心态让生活趋于真实。考究的欧式风格开启了全新的沉思美学，围绕着哲学与信仰，旨在传达智慧和学习的重要性。斑驳的红木色、肉桂色和低调的亚金色兼具了古朴与华丽的多层次效果；暗紫色与墨蓝色调相互叠加组合，柚木棕的加入形成一种截然不同的矛盾混合效果。

❀ （3）案例解析

工业感创意公寓

设计：Design HQ (Hirayama + Quesada)

摄影：Miguel Nacianceno

低纯度的色彩作为该室内空间的主调色，以基础的灰色
贯穿于整个开间，通过与白色的交替组合将空间划分出不同
区域。

虽然以低明度低纯度作为整个空间的色彩搭配手法，但灰白相间的背景色令公寓丝毫没有压抑感和沉闷感，随处可见的装饰品更为空间增添了无限活力与创意，体现出设计师的细致用心。

榆木色茶几为中性颜色的空间增添一缕情意。餐厅空间中的卡其色搭配透明椅子，体现出现代材质的新颖混搭效果。

　　棕木色、咖啡色、卡其色等也是能与灰白色的整体格调完美搭配的色系，在一片灰色的中性、理性之中添加了一点咖啡般的温暖色感，随即带来了家的味道。

　　受到再利用和 DIY 理念的影响，一些废弃的物品经过改良，以崭新的面貌出现在我们面前。本案例的空间设计充满强烈的工业感，一些值得纪念的突出元素经过重新组合，被赋予新的含义。

图书在版编目（CIP）数据

家的色彩 / 招霞主编. —— 南京：江苏凤凰科学技术出版社，2018.6

ISBN 978-7-5537-9213-2

Ⅰ．①家… Ⅱ．①招… Ⅲ．①室内装修－建筑色彩 Ⅳ．①TU767.7

中国版本图书馆CIP数据核字(2018)第096059号

家的色彩

主　　　　编	招　霞
项 目 策 划	凤凰空间／段建姣
责 任 编 辑	刘屹立　赵　研
特 约 编 辑	段建姣

出 版 发 行	江苏凤凰科学技术出版社
出 版 社 地 址	南京市湖南路1号A楼，邮编：210009
出 版 社 网 址	http://www.pspress.cn
总 经 销	天津凤凰空间文化传媒有限公司
总 经 销 网 址	http://www.ifengspace.cn
印　　　　刷	北京博海升彩色印刷有限公司

开　　　　本	710 mm×1 000 mm　1／16
印　　　　张	12
字　　　　数	128 000
版　　　　次	2018年6月第1版
印　　　　次	2018年6月第1次印刷

标 准 书 号	ISBN 978-7-5537-9213-2
定　　　　价	78.00元